\ 小山進 親授！/

家庭廚房OK！
人人愛の巧克力甜點

法國受賞巧克力大師——小山進◎著

前言

　　巧克力是大家從小就很熟悉，非常有人氣的點心。我從雜貨店的迷你巧克力及常見的市售板狀巧克力開始接觸至今，已經當了三十三年的甜點師傅，喜愛的巧克力質地逐漸改變，卻改變不了那顆深愛巧克力的心。

　　近年來，巧克力的世界掀起了很大的巨浪。絕佳的可可香味、融化後的口感、濃厚的味道……巧克力變得越來越受重視，再加上世界各產地不斷地培育出新型巧克力，即使自認是巧克力頭號愛好者的我，還是不斷地接受新的味覺刺激，懷著雀躍不已的心情，持續挑戰製作新的巧克力蛋糕。

　　因為想向您傳達我的熱情，特別介紹了幾款特製的巧克力點心。為了讓初學者也能充分了解到巧克力的真正味道，將會標明本書介紹的各項點心所使用的調溫巧克力，個別含有的可可脂比例，並且絕無藏私地公開專業職人的技術，整理出在家也能輕鬆製作的專業巧克力點心食譜。

　　若您想了解巧克力迷人的醇厚魅力、體驗嶄新的味覺饗宴，請一定要嘗試製作！由衷期望您藉由本書的指引，而更加喜愛巧克力甜點。

———— 願您也能成為另一位巧克力達人

講師
甜點師傅・巧克力職人
小山 進

1964年出生於京都。從大阪阿倍野的辻調理師專門學校畢業後，隨即進入神戶洋菓子店工作。2000年獨立創業，並於2003年在兵庫縣三田市展店。以「小山卷」在日本掀起了小山瑞士卷的風潮，並活躍於各個專業領域中。自2011年開始，在巧克力料理世界嶄露頭角，而後連續6年奪下法國權威比賽的最高榮譽。2015年，於米蘭萬國博覽會內召開巧克力研討會，以世界級巧克力職人的身分備受矚目。

contents

◎本書所使用的量杯為200㎖；量匙1大匙為15㎖、1小匙為5㎖。
1㎖＝1㏄。
◎書中所表示的微波時間皆以功率600W的微波爐為主。若使用500W的微波爐，請將時間乘以1.2倍；若使用700W的微波爐，則將時間乘以0.8倍。

lesson
5.

酥脆爽口
巧克力夾心餅乾

42

lesson
6.

溫潤適口
熱巧克力

48

⋮

（ 應用 ）

熱巧克力×2
52

巧克力磚×4
53

lesson
7.

清涼綿密
巧克力慕斯

54

⋮

（ 應用 ）

巧克力凍
60

lesson
8.

絕妙的蓬鬆滋味
巧克力瑞士卷

62

以調溫巧克力製作

巧克力是由研磨可可豆而成的可可膏，以及從可可膏分離出的可可脂和砂糖組合而成。根據國際規格，調溫巧克力的成分比例為：總可可固形物占35%以上；可可脂成分占31%以上；無脂可可固形物占2.5%以上；且不使用可可脂以外的油脂取代，是一種非常接近可可本身味道的高品質巧克力。本書所介紹的點心皆使用調溫巧克力製作而成。

調溫巧克力依成分的不同，可分為黑巧克力、牛奶巧克力、白巧克力。接下來就讓我們一起來認識這些巧克力的特性，跟著我一起作出「極上巧克力蛋糕」吧！

【 黑巧克力 】

又稱為苦甜巧克力，是最基本的巧克力。主要的成分是可可膏、可可脂及砂糖。可可膏及可可脂占整體巧克力的比例，就是所謂的可可成分。黑巧克力的可可成分較牛奶巧克力、白巧克力來得高，強烈的可可風味以及醇厚的口感為其重要特徵。

許多巧克力製造商直接將黑巧克力所含有可可份量比例當作品名販售，以供客人自由選購。利用黑巧克力特有苦甜的風味製作甜點，非常耐人尋味。本書所使用的巧克力皆標有最適合製作的可可比例，請選擇所標示的產品製作。

POINT！

硬幣狀、豆狀的巧克力保持原狀
巧克力磚則切細碎後融化

根據廠商的不同，市面上流通著硬幣狀、豆狀、粒狀等不同形狀的調溫巧克力，不管是哪種形狀的調溫巧克力，都可以直接放入調理盆內融化後使用，巧克力磚則需要掰成小塊後切細碎（也可利用食物調理機處理）再融化。切巧克力磚時，要特別注意保持砧板及菜刀等工具的乾燥，不可以殘留水氣。

【 牛奶巧克力 】

是一種在可可膏、可可脂及砂糖內加入奶粉的巧克力。跟白巧克力比起來，牛奶巧克力的可可成分較高，但跟黑巧克力相比，它的顏色看起來較淡，口感較為柔和。適合製成溫和口味的點心。牛奶巧克力也可以用來調整其他巧克力的口感，在黑巧克力內混入少量牛奶巧克力，可讓黑巧克力的口感較為溫潤；在白巧克力內混入少量牛奶巧克力，則可以增加白巧克力的可可風味。

【 白巧克力 】

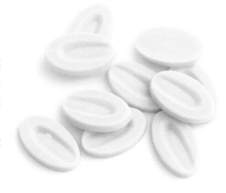

將砂糖及奶粉加入可可脂製作而成的巧克力。不含可可膏成分，顏色呈現乳白色，可可含量為三種調溫巧克力中最少。擁有獨特而濃郁的乳香味，因此常被當成調味用巧克力，或利用白巧克力的乳白色混合抹茶、水果等食材，調配成色彩豐富的點心。

【 可可粉 】

可可膏分離出可可脂後，將剩餘的殘塊磨成粉狀後製成。常用於強調巧克力風味。因為粉末細緻容易吸附水氣，保存時需確實維持乾燥。使用時，請選擇烘焙專用的可可粉（未含砂糖，可可成分100%的產品）。

 POINT !

精準地測量使用的份量

即使是少量製作的家庭烘焙，也應該以公克為單位準確測量。若非裝飾用，即使是硬幣狀或豆狀的巧克力也應切碎後，準確測量出所需的份量。融化後的巧克力如果沾黏在不鏽鋼調理盆上，也請盡量以橡膠刮刀刮乾淨，保持巧克力的完整份量。

烘焙點心的材料

每個家庭裡幾乎都有製作點心的基本材料，
但是在選擇的時候有些重點需要注意。
選擇使用對的烘焙材料，
完成的效果也會比一般的材料來的好喔！

【 粉類 】

低筋麵粉

由軟質小麥所製成，麩質含量較少的麵粉。擁有弱筋性的特性，所以可以製作出蓬鬆口感的傑諾瓦士蛋糕（法式海綿蛋糕）、瑞士卷、酥脆輕柔口感的奶油酥餅……多款點心。烘焙用品專賣店販售的低筋麵粉會因為廠牌不同，蛋白質含量也有所不同。在使用前請先搖一搖，讓大量的空氣進入麵粉內。

杏仁粉

將杏仁研磨成粉與低筋麵粉一起製作餅乾，可增添風味。因為杏仁粉容易酸化，請以遮光性佳的袋子包起，放在陰暗涼爽處保存。

【 蛋 】

選擇蛋最重要的就是新鮮度。冰箱內冷藏的新鮮蛋，其蛋黃和蛋白的表面張力比較強，比較容易打發。一般市面上販售的大多是不會孵化的蛋，是烘焙西點必備的材料之一。如果想要突顯蛋風味時，也會另外加入蛋黃增加口感。由於受精蛋的口感較為濃郁醇厚，因此常用來製作卡士達奶油餡（卡士達醬）或卡士達布丁。

【 鹽 】

可以加強活化麩質的筋性，增加點心的口感。添加少量的鹽可以帶出甜味，些許的鹹味也可以提升點心的風味。若是須將鹽平均撒滿麵糊的情況下，盡量選擇鹽粒子較細的產品；若希望點心一入口就能感受到鹹味，則選擇粗鹽或鹽之花（法國頂級海鹽）。根據點心訴求的口感不同，使用的鹽也有所不同。

【 砂糖 】

細砂糖

因為具有親水性，所以可使麵糊帶有濕潤柔軟的口感，也可以作出美味的烘焙色澤，更可以製作焦糖，帶出特有的苦味或醇厚的風味。砂糖的功用不僅只是帶出甜味而已，更可以協助烘焙的順利進行。一般市面常見的細砂糖，粒子細且粒粒分明，精製度高、無雜味、甜味高適合任何一種點心是它的特徵。如果要選購，選擇粒子更加細緻的微粒細砂糖會更容易融入麵糊。

糖粉

除了撒在西點上增添美觀之外，也會在打發蛋白或蛋黃時使用。由於是由精製度高的砂糖製成的細微粉末狀，因此容易因為濕氣而結塊，所以市面上有些商品會混入玉米澱粉。因為會影響點心的味道與品質，所以請選擇烘焙專用且含糖量100%的純糖粉。

【 奶油 】

作點心時常用的非發酵無鹽奶油，是為了呈現點心的風味和醇厚口感不可或缺的材料。而製作卡士達奶油醬時所使用的含鹽奶油，則是藉由奶油裡些微的鹹味提出味覺的深度。有將鮮奶油發酵後製作而成的發酵奶油，香氣濃郁且帶有些許酸味，最適合製作強調奶油風味的點心了。

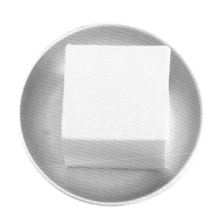

【 鮮奶油 】

鮮奶油是牛奶的脂肪部分。依照其乳脂肪的含量不同，種類也有所不同。乳脂含量35至47%為一般的鮮奶油。乳脂含量越高，鮮奶油的外觀就會呈現淡黃色和濃稠狀。35%的鮮奶油嚐起來輕盈爽口，適合製作慕斯類的冷點心。香緹奶油（加了糖的打發鮮奶油）味道清爽又帶有濃郁的口感，為了完成這白色絲滑的香緹，建議使用乳脂肪含量40%的鮮奶油（若無法取得40%的鮮奶油，38至42%的鮮奶油也OK）。

焦香味＆濕潤口感

巧克力法國麵包脆餅

chocolate rusk

lesson 1.

外表看起來像是松露巧克力，一入口後，滿頰都是吸飽巧克力的法國麵包脆餅，美味多汁又口感酥脆。如此顛覆既有形象的作法就是小山流的獨有特色。最後讓奶油和巧克力隔水冷卻凝固是製作出這款點心酥脆口感的祕訣。

巧克力法國麵包脆餅是初學者也可以輕鬆製作的一品，也是開始製作巧克力點心的最佳入門款。

巧克力法國麵包脆餅

材料

（32個份）

黑巧克力（可可成分66％）
　　── 40 g
吐司（5片裝）── 2片
無鹽奶油 ── 60 g
可可粉 ── 15 g

工具

調理盆
平底鍋
橡膠刮刀
茶篩

sweets memo

多餘的吐司邊
也可以成為
巧克力法國麵包脆餅

將吐司邊切成2cm的長度。起鍋以奶油煎炒（如果跟白色吐司塊一起煎炒，吐司邊容易焦黑）後，和白色吐司塊一起放入融化的巧克力中拌勻後，撒上巧克力粉。

作法

1. 預先將黑巧克力隔水加熱至40℃（詳細作法請參閱P.14）。吐司則切除吐司邊之後，切成2cm的正方形（一片吐司縱橫各切成4等分，共可切成16個）。

2. 將奶油放入平底鍋中（直徑約20cm），以中火融化，並放入切好的吐司塊。輕輕搖晃平底鍋，使吐司塊吸收融化的奶油。

3. 吐司塊表面開始上色後，即將瓦斯轉為小火。當吐司塊全體表面煎至變色後，持續拌炒至平底鍋內奶油吸收，鍋內呈現乾爽的狀態。當吐司塊表面顏色如圖示般即可離火。

4. 趁著步驟3尚溫熱時，倒入步驟1事先融化好的巧克力調理盆裡，利用橡膠刮刀將全部的吐司塊均勻地裹上巧克力。

POINT！

5. 將冰水放在原本的調理盆下方，一邊利用冰水冷卻凝固，一邊攪拌至出現「喀拉喀拉」聲。冷卻後，如果喜歡稍微甜一些，可依喜好撒上適量的細砂糖。

6. 將調理盆取離冰水後，以茶篩將可可粉均勻地撒在完成的點心上。放入冰箱冷卻，取出後即可享用。

巧克力的融化法

巧克力的融化法為初學者必學的基礎知識。
首先,製作巧克力最重要的是遠離水氣。
因此所有工具器皿都必須保持乾燥。
巧克力隔水加熱時,請慢慢地一邊攪拌均勻,一邊使其融化。
嚴格控制溫度,以避免拌入空氣的方式,攪拌至融化成滑順狀,
是製作完美巧克力甜點的第一步。

隔水加熱法

重疊兩個大小相同的調理盆。 ○

POINT!

準備兩個大小相同的調理盆,
下方的調理盆裝入熱水;上方
的調理盆裝入巧克力,進行隔
水加熱。可避免兩個調理盆之
間產生的水蒸氣直接接觸到巧
克力,隔水加熱的熱水請保持
在50℃至55℃之間(約調理盆
底部會出現小水泡的溫度)。

NG! ×

隔水加熱時,如果下方裝熱水的調理
盆太小,邊緣會直接接觸到上方的調
理盆,兩個調理盆接觸部位的溫度就
會上升,使得巧克力很容易焦掉,而
導致失敗。

×

隔水加熱時,如果下方的調理盆太
大;上方的調理盆太小,則容易使巧
克力接觸到下方熱水的水蒸氣,而無
法使用。

黑巧克力的融化法

1. 隔水加熱時，所需的熱水量須碰觸上方調理盆（裝巧克力的調理盆）的整個底部，且不會溢出。熱水的溫度不可以超過60℃（絕對不可以讓水沸騰），儘量讓水溫保持在50℃至55℃左右（約調理盆底部會出現小水泡的溫度）。當巧克力開始融化時，以橡膠刮刀輕柔緩慢地攪拌（切勿拌入空氣）。

2. 巧克力的融化順序會從接觸到調理盆邊的巧克力開始，請以橡膠刮刀從調理盆側邊與底部輕輕地將已融化的巧克力往中央刮起，使未融化的巧克力可以接觸到調理盆。

3. 待全部巧克力都融化以後，將巧克力沿著調理盆平滑的延展開來，以確保沒有殘留未融化的巧克力。

※調溫（請參照P.18）或製作甘納許時，一定要特別注意溫度。

sweets memo

亦可利用微波爐融化巧克力

將巧克力放入可微波的圓底容器內，不覆蓋保鮮膜或蓋子，以低瓦數（約500W）分數次微波加熱，每次加熱的時間不宜過長。取出時，以橡膠刮刀攪拌確認是否融化均勻。以微波爐加熱融化的優點是可避免沾染水氣，但因為溫度控制不易，容易使巧克力燒焦，因此在融化時，請一邊注意融化的情況，一邊小心謹慎地進行。

牛奶巧克力＆白巧克力的融化法

因為牛奶巧克力與白巧克力所含的可可成分較黑巧克力少，所以結晶能力較弱，對熱的反應也較為敏銳。因此隔水加熱時，熱水的溫度約保持在50℃左右，使巧克力緩慢融化即可。

amandes au chocolat

杏仁巧克力

將杏仁裹上了濃郁焦糖、巧克力與可可粉等三層外衣。
一口吃下,品嚐堅果的爽脆口感,
有一股焦糖與巧克力交織而成的苦甜韻味蔓延開來,美好的滋味使唇齒留香。

1.

取一小鍋放入水和細砂糖，以大火煮至融化，製成糖漿備用。將糖漿加熱至110℃後，放入杏仁並以木匙快速攪拌，使杏仁均勻裹上糖漿。待鍋內的水分消失後，將小鍋離火，並繼續攪拌至杏仁表面變白凝固即可。

2.

將小鍋放回瓦斯爐，以大火再度融化杏仁表面的砂糖結晶，煮至呈褐色的焦糖狀後，即可離火。放入奶油並仔細攪拌，使其與焦糖完全混合且乳化。

3.

將裹好焦糖的杏仁一顆一顆地移至準備好的烤盤（高溫燙手，小心燒燙傷）放置冷卻。

4.

將冷卻的步驟3放入調理盆內，倒入¼準備好的調溫巧克力，讓杏仁全體均勻裹上巧克力。待巧克力冷卻凝固後，再依相同的作法，將剩餘的調溫巧克力分3次加入裹上。

5.

以茶篩均勻地撒上可可粉即完成。

材料

（杏仁200g份）

帶皮杏仁 —— 200g
水 —— 25g
細砂糖 —— 75g
無鹽奶油 —— 10g
黑巧克力（可可成分66%）—— 140g
可可粉 —— 適量

準備

◎將杏仁放入烤箱，以170℃烘烤約10分鐘。
◎製作調溫巧克力（請參照P.18），並保持溫度。
◎烤盤內鋪上烘焙紙。

巧克力的調溫法

調溫是藉由上下調整巧克力的溫度，改變巧克力的成分組成、穩定巧克力結晶的步驟。
藉由調溫的程序，可以得到光亮、化口性佳的巧克力。
只要嚴格遵守巧克力的融化溫度，並在調溫的過程避免接觸水氣，就不易調溫失敗。
如果巧克力的份量太少會導致溫度的變化過快，因此每次調溫的份量請在200g以上。
因為雷射溫度計只能測量到表面的溫度，測量溫度時，
請先從底部往上均勻攪拌後，再行測量。

黑巧克力的調溫法

1. 將巧克力隔水加熱至52℃至55℃之間，讓巧克力內的結晶完全融化，回到液態。

2. 將裝有巧克力的調理盆置於冰水上，以橡膠刮刀輕柔地攪勻，使其冷卻（攪拌時，請避免拌入空氣）。在調理盆周圍（直接接觸到冰水）的巧克力凝固前，將調理盆取離冰水，輕拍巧克力的表面，並攪拌至沒有結塊。

3. 將裝有巧克力的調理盆反覆置於冰水中，使巧克力的溫度降至26℃至27℃左右。巧克力會從稀薄的狀態開始慢慢變黏稠，這就是再結晶化的現象。

4. 再次隔水加熱（溫度須保持調理盆底部會出現小水泡的程度），慢慢地一邊攪拌，一邊加熱。將巧克力沿著調理盆平滑地延展開，均勻地攪拌至沒有結塊。

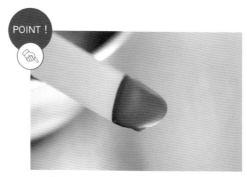

POINT！

5. 加熱時需要十分注意溫度的變化，請於攪拌時頻繁的測量巧克力的溫度，直至巧克力變得滑順為止。當巧克力的溫度上升至30至31℃時，巧克力的結晶已經穩定，調溫手續就算完成。

6. 調溫完成後，以抹刀沾取少量巧克力（稍微有點厚度）放置冷卻凝固，若凝固後表面呈現光澤感，即表示調溫完成。若調溫失敗，巧克力的表面會出現稱為「油斑」的白色斑點，口感粗糙。此時就需要重新調溫。

牛奶巧克力＆白巧克力的調溫法 ————————————————

牛奶巧克力和白巧克力因為內含牛奶成分（奶粉），且融化溫度也較黑巧克力低，因此調溫時的溫度請稍微往下調降。其他調溫步驟皆與黑巧克力相同。牛奶巧克力先加熱至48℃

至49℃後，使其降溫至25℃至26℃，再加熱至28℃至29℃，即完成。白巧克力則是先加熱至46℃至47℃後，使其降溫至24℃至25℃，再加熱至27℃至28℃即完成。

另一種的調溫方法 ————————————————————————

a. 先將半量的巧克力隔水加熱至55℃，使其完全融化，剩餘半量的巧克力則仔細切碎。

b. 將切碎的巧克力分次少量加入已融化的巧克力中，每次加入都需以橡膠刮刀完整攪拌均勻，才可再次加入。

c. 當巧克力溫度降至27至28℃時，就無法再融化任何巧克力，請特別注意巧克力的溫度變化。

d. 再次隔水加熱，使溫度上升至31℃，即完成。（牛奶巧克力與白巧克力的溫度變化請參照上述）

\ *koyama's advice* /

剩餘的調溫巧克力

在烤盤鋪上一層保鮮膜，倒入剩餘的調溫巧克力後鋪平，等待凝固後取出，請保持乾燥，並以保鮮膜包好後，放入密封容器內，以常溫保存。取出後再度融化調溫後即可使用。

綿密濃厚

巧克力派
terrine de chocolat

lesson *2.*

擁有生巧克力般的口感,慢慢在口中融化,可細細品嚐可可獨有
的迷人風味。是一道濃縮小山主廚對巧克力的熱情而成的自信之
作。確實冷卻後再享用,入口後的綿密濃郁滋味,使人著迷不
已。讓我們一起融合巧克力和蛋,製作出閃亮光澤的巧克力派
吧!

巧克力派

材料

（16.5cm×5.5cm、高度4cm的
磅蛋糕模型2個份） ＊

黑巧克力（可可成分70%）
—— 182 g
無鹽奶油 —— 142 g
細砂糖 —— 90 g
全蛋 —— 156 g

＊如果只有一個磅蛋糕模型，請先烘
烤一半的份量，將剩下的材料置於
涼爽處保存。副食材在倒入模型
前，請先隔水加熱至35℃後再倒
入，並以相同的步驟烘烤即可。

工具

調理盆
溫度計
橡膠刮刀
打蛋器
粉篩
網架（蛋糕冷卻架）

準備

◎將烘焙紙依磅蛋糕模型的尺寸多1cm摺出方形（參照下方步
驟）。
◎烤箱預熱至170℃。

磅蛋糕模型的鋪紙方法

a. 將模型放於烘焙紙上方緊壓，像要將模型包起來般，沿著模型摺出模型底部及模型上方四邊的痕跡。將烘焙紙沿著四邊的摺痕再預留1cm後，剪開標示A的線，沿著褶痕摺好後，再剪掉重疊的部分B。

b. 將缺口左右兩側的烘焙紙（較短處）放於中央烘焙紙的外側，沿著褶痕摺出形狀後放入模型內。為了不使烘焙紙跑位，連底部四個角落也要確實摺好喔！

作法

1. 在調理盆內放入黑巧克力與無鹽奶油隔水加熱，並以橡膠刮刀攪拌混合均勻。

2. 加入細砂糖後，以打蛋器攪拌，隔水加熱至50℃至55℃。

3. 取另一調理盆放入全蛋後隔水加熱，以打蛋器攪拌均勻並避免將空氣打入，加熱約至50℃時過篩備用。

4. 將步驟3分4至5次加入步驟2，每次加入都需以打蛋器攪拌均勻。

5. 剛加入蛋液時，巧克力會呈現分離的狀態。加入數次至充分乳化前皆如圖示般，粗糙不光滑的分離狀態。

POINT！

6. 繼續加入蛋液並持續攪拌，蛋液會慢慢融入巧克力及奶油的油脂裡，開始乳化。巧克力會漸漸出現光澤度且變得滑順。

7. 以橡膠刮刀均勻攪拌至無結塊後，將巧克力倒入模型中。如果要同時烘烤兩個巧克力派，請以電子磅秤量測，確保兩模的份量一致。

8. 放入烤箱，以170℃烘烤約20分鐘。由於內部還是濃稠的狀態，須放置在網架上充分冷卻後，連同烘焙紙一起從模型中取出，放入冰箱冷藏。

滿滿果乾

巧克力蛋糕

cake au chocolat

lesson 3.

濃郁的巧克力佐以酒漬水果乾，再搭配上奶油的濃厚口感，讓美味相輔相成，甜而不膩。由於使用食物調理機快速攪拌麵粉與奶油，不易出筋，因此蛋糕呈現適度的蓬鬆口感，是一款會隨著時間變化得更加濃郁香醇的蛋糕，讓我們一起感受這種緩慢熟成的層次風味吧！

巧克力蛋糕

▐ 材料

（21cm×8cm，高度6cm的磅蛋糕模型1個份）

醃漬水果乾

- 橙皮 —— 90 g
- 蘇丹娜葡萄乾* —— 23 g
- 細砂糖 —— 30 g
- 香橙干邑** —— 18 g

黑巧克力（可可成分70%） —— 23 g

無鹽奶油 —— 105 g

A
- 低筋麵粉 —— 105 g
- 泡打粉 —— 3 g
- 糖粉 —— 110 g
- 杏仁粉 —— 30 g
- 可可粉 —— 18 g

全蛋 —— 90 g

糖漿

- 水 —— 30 g
- 細砂糖 —— 23 g
- 香橙干邑 —— 20 g

＊由白葡萄乾燥製成的葡萄乾，呈淡淡的金色。跟一般葡萄乾相比，蘇丹娜葡萄乾較為柔軟且甜度較低。若買不到蘇丹娜葡萄乾，可以一般的葡萄乾替代。

＊＊將橙皮浸泡在干邑白蘭地中，釀成帶有柳香的白蘭地。請使用琥珀色等深色種類。

▐ 工具

- 調理盆
- 食物調理機*
- 橡膠刮刀
- 打蛋器
- 鋼刀
- 烤盤
- 網架（蛋糕冷卻架）
- 刷子

＊如果沒有食物調理機，請參照P.28的作法。

▐ 準備

◎於一週前事先醃漬水果乾（請參照下述）。
◎於磅蛋糕模型內鋪上烘焙紙（請參照P.22）。
◎將網架放在烤盤上。
◎烤箱預熱至160℃。

醃漬水果乾的作法

a.

將橙皮切成5mm左右的小丁。葡萄乾以熱水洗過後瀝乾。將橙皮塊與葡萄乾一同放入耐熱容器內，均勻地撒入細白糖，再包上保鮮膜後，放入微波爐（600W）微波40秒。透過微波爐的加熱，使水果乾膨脹，可使細砂糖的甜味滲透至水果乾中。

b.

待冷卻後，加入干邑香橙仔細混合均勻，再將保鮮膜緊密地貼在果乾上，放入冰箱內冷藏一個星期。

c.

醃漬一週的成品。水果乾吸收了細砂糖和干邑香橙的滋味，柔軟而甜美。

製作麵糊

1. 在調理盆內放入黑巧克力和奶油，隔水加熱。以橡膠刮刀充分攪拌至50℃至60℃。

2. 將A放入食物調理機內攪拌數秒，使所有粉類均勻混合。

3. 在調理盆內放入全蛋並隔水加熱，以打蛋器均勻打散（請避免拌入空氣）。將蛋液加熱至40℃至50℃。

POINT！

4. 將步驟3與步驟1加入步驟2的食物調理機內攪拌。在粉類中加入奶油，可使麵糊不易出筋，更容易製作出口感蓬鬆的成品。

5. 攪拌途中須將附著在食物調理機內側的麵糊以橡膠刮刀刮下，均勻攪拌至沒有結塊。待麵糊呈現光滑柔順貌，即可移至調理盆。

6. 取部分步驟5的麵糊加入醃漬水果乾內，充分攪拌混合。可使果乾均勻分布在麵糊裡。

7. 將步驟6加入步驟5裡,並以橡膠刮刀上下來回地攪拌均勻。

8. 將完成的麵糊倒入準備好的模型裡,整平表面。放入烤箱,以160℃烤15分鐘。

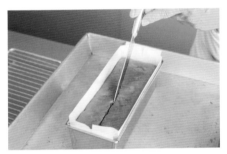

9. 將模型從烤箱取出,以水沾濕鋼刀後,在麵糊的中央劃一切痕,當中央的麵糊膨脹時,就會產生漂亮的裂紋。

10. 將步驟9再次放入烤箱,以160℃烤45分鐘。在等待出爐的期間,將製作糖漿用的水和細砂糖放入耐熱容器裡,包上保鮮膜後,放入微波爐(600W)微波30秒,以融化細砂糖,並趁熱加入干邑香橙混合均勻。

11. 將烤好的蛋糕從模型取出,置於網架上撕除烘焙紙。趁還有餘溫,以刷子將步驟10的糖漿塗滿整個蛋糕。待冷卻後以保鮮膜包妥,放入冰箱冷藏4至7天,使糖漿及醃漬水果乾的風味更加融合,且蛋糕體變得更加濕潤後再品嚐,會比剛出爐時更加美味。從冰箱取出後,放至常溫後享用,口感會更佳喔!

sweets memo

若沒有食物調理機──

1. 將巧克力和奶油隔水加熱至完全融化。

2. 將A過篩至調理盆內。

3. 將步驟1和全蛋加入步驟2中,混合均勻。

4. 挖取部分步驟3的麵糊加入醃漬水果乾中,攪拌均勻後倒回步驟3中,充分均勻地攪拌混合。

5. 將麵糊倒入準備好的模型內,以相同的方法烘焙即可。

可可豆的故鄉

巧克力的原料是可可豆。可可豆亦可稱為可可果,是可可果實內的種子。產地多位於南美、美國或亞洲等高溫多雨的熱帶、亞熱帶氣候地區。南美的生產國家為厄瓜多爾共和國、墨西哥、祕魯、哥倫比亞、多明尼加共和國及委內瑞拉。非洲是世界最大的可可生產地,生產國家為象牙海岸、迦納等國。亞洲的生產國則為印尼、越南等國。我曾經在可可原產地嚐過生可可豆,生可可豆表面布滿了白色軟黏的果肉,擁有酸酸甜甜的滋味,真是充滿南洋風味的水果啊!令人難以將這種酸甜水果與濃郁的巧克力聯想在一起。

可可豆的種類

可可豆有許多種類,主要分為以下三種:Criollo可可豆,擁有明顯的可可香,風味高雅細緻,不會過於苦澀。但由於criollo易受蟲害,栽種不易,因此全球的產量相當稀少。Forastero可可豆,顏色較深,苦味及澀味也較為明顯。較為容易栽種,其生產量占了大部分的市場。Trintario可可豆,由Criollo及Forastero混種培育而成,其香氣、風味與栽種方法融合了前兩者的優點,可說是適當優秀的品種。基因遺傳學的解析持續不斷地進步,目前也持續培育新品種,可再將可可細分為更多種類。

生產地的加工

可可果採收後會馬上剖開,取出可可豆,並裝入木製的發酵箱中,蓋上香蕉葉使其發酵。發酵途中,需攪拌使可可豆接觸空氣,可可豆一旦接觸空氣後,就會慢慢地變成褐色。此時的可可豆內含水分約為60%,接著需要花五至十日使其乾燥,目標是將可可豆的水分降至7.5%左右。到此步驟為止皆於生產地進行加工,完成後就會將可可出口至其他加工國。

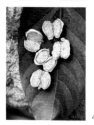

➡P.59繼續

1.2.從樹幹上直接結果是可可的特徵。/3.切開後裡面約有二十至五十粒的果實。/4.可可的種子。/5.發酵中的可可種子。/6.雖著發酵程序的進行,可可的顏色變成了深褐色。/7.8.發酵完成後,正在乾燥中的可可種子。

圖片提供/パティシエ エス コヤマ

brownie à la façon de Koyama

小山流布朗尼

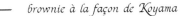

小山流特製的布朗尼，
是使用磅蛋糕模型烘烤而成。
嚐起來濕潤濃郁，但卻有著入口即化的輕柔口感。
結合巧克力的香味、開心果的食感
及充滿酸味的格賴沃特櫻桃，
交織成令人無法抗拒的完美三重奏。

材料

（21cm×8cm、高度6cm的磅蛋糕模型1個份）

黑巧克力（可可成分56%）—— 65g
無鹽奶油 —— 65g
全蛋 —— 85g
細砂糖 —— 65g
鹽 —— 1小撮
A [低筋麵粉 —— 30g
    玉米澱粉 —— 8g
開心果 —— 30g
格賴沃特櫻桃 —— 10顆

格賴沃特櫻桃

格賴沃特櫻桃的酸味較強，適合用來製作果醬或糖漬櫻桃。製作甜點時會使用酒漬酸櫻桃，稍微瀝乾後，即可使用。

準備

◎將開心果放入烤箱，以170℃烘烤約10分鐘後，取出後粗略切碎備用。
◎磅蛋糕模型內鋪上烘焙紙（請參照P.22）。
◎將A混合後，過篩備用。
◎烤箱預熱至170℃。

作法

1.
在調理盆內放入黑巧克力和奶油並隔水加熱使其充分混合至45℃至50℃。

2.
取另一調理盆放入全蛋、細砂糖、鹽並隔水加熱至與皮膚溫度接近。使用電動攪拌機確實打發起泡至顏色泛白後，移開熱水。

3.
將篩好的A放入步驟1中以打蛋器確實混合。粉類在油脂中不易出筋，可製作出較輕盈的口感。

4.
將步驟2少量的加入步驟3中，並以橡膠刮刀均勻混合。剩餘的步驟2也以分次少量的方式加入混合，使其乳化。請輕柔攪拌，以避免破壞打發的氣泡。

5.
將完成的麵糊倒入準備好的模型，表面撒上開心果、隨意放上格賴沃特櫻桃，放入烤箱，以170℃烤30至35分鐘左右。出爐後，放置網架上冷卻後脫模。

輕盈潤澤

蒸烤巧克力蛋糕

gâteau meringué au chocolat léger

lesson 4.

「想要烤出慕斯般入口即化的蛋糕！」正是出於這樣的發想而研發出這款細緻巧克力蛋糕。在口中輕柔化開的口感，令人既感到新鮮又充滿驚喜。這款蛋糕不是透過粉類的力量撐起蛋糕體，而是藉由加入巧克力內的蛋白糖霜，凝固而成。因此要製作出如此輕盈的蛋糕，必須準備富有光澤彈性且狀態扎實的蛋白糖霜。以挑戰心情來製作這款頂級美味的甜點吧！

蒸烤巧克力蛋糕

材料

（直徑15cm的圓形模型1個份）

黑巧克力（可可成分64％）
—— 100 g

發酵無鹽奶油 —— 100 g

A ┌ 蛋黃 —— 55 g
　└ 細砂糖 —— 35 g

蛋白糖霜

┌ 蛋白 —— 113 g
└ 細砂糖 —— 50 g

傑諾瓦士巧克力蛋糕（直徑15cm／厚度1cm，作法請參照P.38） —— 1片

裝飾用巧克力

巧克力（喜歡的種類皆可） —— 適量

裝飾用香緹（容易製作的份量）

┌ 鮮奶油（乳脂含量40％）*
│　　—— 100 g
└ 細砂糖 —— 7 g

裝飾用糖粉、肉桂粉 —— 各適量

＊如果沒有乳脂含量40％的鮮奶油，以38％至42％的鮮奶油代替亦可。

工具

調理盆
橡膠刮刀
溫度計
打蛋器
電動攪拌機
烤盤
網架（蛋糕冷卻架）
奶油抹刀
湯匙
茶篩

準備

◎圓形模型的底部與側面鋪上烘焙紙。側面的烘焙紙請比原有的模型高5cm（請參照下述）。
◎裝裝飾用巧克力請事先調溫（請參照P.18）並保溫備用。
◎烤箱預熱至160℃。

圓形模型的鋪紙方法

a.　　　　　*b.*

圓形模型的底部鋪上未經過矽膠塗層加工的烘焙專用烘焙紙。將模型放在烘焙紙上，沿著邊緣描繪出圓形後剪下。也可以先鋪上側邊的烘焙紙後，再鋪底部的烘焙紙。

側面則使用表面經過矽膠塗層加工的烘焙紙。蒸烤巧克力蛋糕的是烘焙紙高度請高出烤模5cm。先將烘焙紙一側貼緊底部，另一側於高出烤模5cm處作出記號，爾後沿著所需要的長度（沿著烤模側面鋪上一圈後，交接處重疊3至5cm），全部的紙類作出褶痕後裁下。沿著烤模內側鋪上烘焙紙。

—— *sweets memo*

蒸烤巧克力蛋糕底座
將傑諾瓦士巧克力蛋糕切出約1cm的厚度

a.　　　　　*b.*

因為傑諾瓦士巧克力蛋糕的底部（接觸烤盤部分）口感較為堅硬，請先將其薄薄地切除。

將1cm左右高度的物品放於蛋糕兩側，鋼刀沿著該物上方橫切蛋糕，即可切出厚度相同的傑諾瓦士巧克力蛋糕了。

讓巧克力、奶油和蛋完全乳化

1. 在調理盆內放入黑巧克力和發酵奶油隔水加熱，並以橡膠刮刀充分攪拌混合至50℃並保溫備用。

2. 取另一調理盆放入A的蛋黃和細砂糖，以打蛋器抵住調理盆底部攪拌均勻。將步驟1以¼至⅙的份量逐次加入，每次加入時都需以打蛋器充分混合。

POINT！

3. 步驟1剛加入步驟2時，會呈現分離的狀態。加了數次後至完全乳化前，質地粗糙不光滑（圖示左）。完全乳化後會開始出現光澤，呈現富有彈性的柔潤狀態（圖右）。

混合蛋白糖霜

4. 取另一調理盆放入蛋白，一邊將細砂糖分2至3次加入，一邊以電動攪拌機打至發泡，製作出扎實且具光澤度的蛋白糖霜（請參照P.37）。

5. 將⅓的蛋白糖霜加入步驟3裡，以橡膠刮刀充分攪拌至糖霜的顏色完全溶入麵糊中。剩下的蛋白糖霜分2次加入，攪拌的手法要輕柔，避免破壞蛋白糖霜的氣泡。

6. 將傑諾瓦士巧克力蛋糕放入模型底部。

隔水加熱

7. 將步驟5的麵糊倒入步驟6，以橡膠刮刀輕微混合，並整平表面，使麵糊的狀態均勻一致。將模型放入較深的烤盤中央。

8. 注入溫水至烤模的⅓高度，放入烤箱，以160℃烤約20分鐘後，每烤5分鐘打開烤箱散發水蒸氣，再快速關上繼續蒸烤（每次都要重新啟動烤箱的開關）。

9. 待打開烤箱已經沒有蒸氣冒出後，則可不開烤箱門繼續烘烤，總計花費的烘焙時間為1小時15分鐘。蒸烤巧克力蛋糕出爐後，若受到撞擊會使蛋糕體塌陷，因此須小心謹慎地放到網架上！

10. 將蛋糕連同烤模一起置於網架上冷卻（冷卻時蛋糕體的高度若稍微降至與烤模同高是最好的狀態），放入冰箱使蛋糕體穩定後，連同烘焙紙一起從烤模中取出。直至裝飾蛋糕之前都不要撕除烘焙紙。

裝飾

11. 將已調溫的裝飾用巧克力裝入擠花袋（請參照P.40）。在烘焙紙上擠出直徑約1.5至2cm的圓形，並以奶油抹刀從上方壓下，稍微扭轉後，從斜前方快速拉起，作成圓板形狀的巧克力，凝固後取下。

12. 裝飾用的香緹打至七分發。取滿滿的一湯匙後，將湯匙底部稍微在調理盆邊緣刮除餘液。將香緹放到步驟10的表面後，快速將湯匙翻正（湯匙表面向上）輕輕拉起作出花樣。將步驟11裝飾在蛋糕上，並於香緹上方撒上肉桂粉；蛋糕中央撒上糖粉後即完成。

POINT！

製作蛋白糖霜

確實將蛋白糖霜打發
是成功製作蒸烤巧克力蛋糕或巧克力捲的祕訣。
請依下列步驟，打出理想的蛋白糖霜吧！

打發之前

◎調理盆或電動攪拌機等工具只要沾到水或油脂就會使蛋白糖霜難以打發，因此在製作前，請確實將工具及機器清洗過後，並以乾淨的布拭乾後，再開始進行打發。

◎若要製作蛋白100g、砂糖40g至50g的蛋白糖霜時，須將砂糖分4至5次加入，並快速使其融合。使用冰過的蛋白可以打出柔順的糖霜，但砂糖的份量若與蛋白的份量相同時，則不能使用太冰的蛋白，且需要將砂糖分十次加入打發。蛋白100g、砂糖10g的情況下，最好在冰過的蛋白中，一次性加入全部的砂糖，並一口氣打發。

◎調理盆的大小選擇最好是可以讓電動攪拌機的攪拌頭浸在一半的蛋白中（本書使用的是直徑20cm、深10cm的調理盆）。過大的調理盆會因為攪拌頭接觸蛋白的面積太少，變得不容易打發。

作法

1. 首先將電動攪拌機設為高速模式打散蛋白，打至蛋白略為膨脹。

2. 蛋白開始膨脹後，馬上加入¼的砂糖，繼續以高速打發。須將電動攪拌機沿著調理盆 側畫圈，均勻打發蛋白。

3. 整體泡沫的紋理還很粗糙，待蛋白全部打發後，加入剩餘砂糖的⅓量（加入的砂糖份量需要比第一次加入的份量稍微多一些）。

4. 待泡沫變得細緻、顏色變白，且開始有攪拌頭的痕跡出現後，將剩餘的砂糖分2次加入，繼續打發。

5. 砂糖全部加入持續打發後，蛋白會變得更細緻、蓬鬆，攪拌頭的痕跡變得非常明顯。呈現這樣的狀態後，將電動攪拌機轉至低速，繼續打發。

6. 打至泡沫上升至接近調理盆口且變得細膩時，改以打蛋器（或拆下電動攪拌機的攪拌頭使用）一邊調整泡沫的紋理，一邊繼續打發。

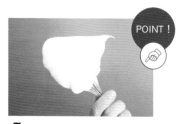

POINT！

7. 紋理細緻，拿起打蛋器時泡沫尾端挺立，且帶有光澤，即表示完成。

傑諾瓦士巧克力蛋糕

加入可可粉的海綿蛋糕。
在此用於P.32蒸烤巧克力蛋糕底座。
採用「分蛋攪拌法」,
將蛋白打成蛋白糖霜後再加入的製作法。
為基本款的蛋糕體,可應用於各種點心的製作。
就讓我們一起作出彈牙細緻的海綿蛋糕吧!

材料

(直徑15cm的圓形模型1個份)

A ⌈ 全蛋 ── 80 g
　 ⌊ 細砂糖 ── 58 g

蛋白糖霜
⌈ 蛋白 ── 32 g
⌊ 細砂糖 ── 20 g
低筋麵粉 ── 44 g
可可粉 ── 8 g
鮮奶油(乳脂含量42%) ── 24 g

準備

◎ 模型的底部及側面鋪上烘焙專用的烘焙紙(請參照P.34)。
◎ 低筋麵粉與可可粉混合後,過篩備用(請參照P.47)。
◎ 烤箱預熱至170℃。

麵糊比重的測量方法

a.

透過使用100ml的量杯(請參照P.70)測量麵糊的重量,可了解麵糊打發的情況,以預防失敗。首先,將完成的麵糊倒滿量杯(表面切齊杯緣),扣除掉量杯的重量後,測量麵糊的重量。將測量完後的麵糊倒回調理盆內。

b.

這個傑諾瓦士巧克力蛋糕麵糊的理想比重值為45g。比理想值輕,則表示打發程度不足,需要再多打發一下。比理想值重,則表示過度打發,最好馬上放入烤箱,以稍低的溫度一邊觀察蛋糕的情況,一邊進行長時間的烘烤。

作法

全蛋打發

1. 在調理盆內放入A的全蛋和細砂糖後,將蛋打散。隔水加熱時,一邊以單手旋轉調理盆,一邊手持電動攪拌機(中速)在調理盆內來回旋轉,以打發蛋液。隔水加熱會使得蛋液更容易飽含空氣,較利於打發。

2. 全體起泡後,將電動攪拌機轉至高速,隔水加熱至40℃後,即可離開裝有熱水的調理盆。繼續打至顏色泛白,拿起攪拌機時,蛋液會成緞帶狀落下,而落下的蛋液不會馬上消失的狀態。再將電動攪拌機轉至低速,繼續打發,調整氣泡的細膩度。

加入半量的蛋白糖霜

3. 取另一個調理盆放入製作蛋白糖霜的蛋白,一邊以分次少量的方式加入細砂糖,一邊打發起泡至尾端挺立有光澤(請參照P.37)。

混合粉類

加入剩餘的蛋白糖霜

4. 將步驟3的蛋白糖霜取半量放入步驟2，一邊以單手旋轉調理盆，一邊以木匙仔細攪拌均勻。先放入半量的蛋白糖霜可使後續混合更加容易。

5. 將篩過後的低筋麵粉及可可粉以分次少量的方式加入麵糊中。每次加入都要一邊以單手旋轉調理盆，一邊以木匙仔細攪拌均勻，待粉感消失後，才可接續加入。

6. 剩下的蛋白糖霜再次稍微打發後，加入麵糊中，再均勻攪拌至看不見白色的糖霜痕跡。如果沒有完全攪拌均勻（還看的見白色痕跡），容易在加入鮮奶油時，因為油脂而破壞氣泡。

加入鮮奶油

測量比重

POINT !

烘烤

7. 將鮮奶油置於耐熱容器後，放入微波爐加熱至沸騰前（600W約20秒左右，拿出時注意高溫，避免燙傷），趁熱將鮮奶油一口氣加入步驟6。加入熱鮮奶油可使麵糊更容易融合。

8. 將木匙換成橡膠刮刀後，繼續確實攪拌混合至麵糊變得滑順。再將麵糊倒入比重量杯（表面切齊杯緣）中，測量重量（請參照左頁的測量方法）。比重量杯內麵糊的理想值為45g。

9. 將麵糊倒入模型中，並以橡膠刮刀全體來回輕微攪拌混合均勻，如此一來，調理盆底部成分較重的麵糊也能均勻融合。放入烤箱，以170℃烤約30分鐘。

完成

10. 出爐後，連同模型稍微在桌面上重敲。蛋糕受到晃動，內部的熱氣會往外跑，即可避免因為蛋糕內含水蒸氣而失去蓬鬆的口感。

11. 連同烘焙紙一同從烤模中取出，置於網架使其冷卻。冷卻後以保鮮膜將蛋糕包起，以防止乾燥變硬。直至享用前都不要拆掉烘焙紙喔！

koyama's advice

將剩餘的傑諾瓦士巧克力蛋糕製作成麵包脆餅吧！

1. 將傑諾瓦士巧克力蛋糕切成1.5cm小塊，放入烤箱，以80℃乾燥約2小時後，取60g放入調理盆內。

2. 將36g含鹽奶油融化加入，並攪拌均勻後，加入30g細砂糖使其均勻沾附。

3. 再次放入烤箱，以80℃烤約2個小時，直至蛋糕確實乾燥後，即完成。

堅果巧克力

香醇的巧克力與堅果的濃厚滋味絕配！再將果乾特有的酸味點綴其中，
提出整體的層層韻味，是一道多采多姿的巧克力點心。

材料

（直徑約5cm，20個份）

黑巧克力（可可成分66%）—— 340 g
杏桃乾 —— 5個
無花果乾 —— 5個
葡萄乾* —— 20顆
榛果・杏仁 —— 各20顆
開心果 —— 20顆
*也可使用蘇丹娜葡萄乾（請參照P.26）。

準備

◎堅果類放入烤箱，以170℃烘焙約10分鐘。
◎將杏桃乾與無花果乾切成4等分。
◎製作擠花袋（請參照下方作法）。
◎黑巧克力事先調溫（請參照P.18）並保溫備用。
◎烤盤鋪上烘焙紙（或保鮮膜）備用。

作法

1.

將調溫後的巧克力適量裝入擠花袋中。

2.

在準備好的烘焙紙上，預留適當的間距後，擠出直徑5cm左右的圓形。

3.

趁巧克力還柔軟時，放上喜歡的果乾與堅果後，等待冷卻硬化，即完成。

—— sweets memo

小型擠花袋的製作方法

a. 本書的擠花袋使用的是透明食品級的OPP塑膠紙製品。首先將塑膠紙裁成等腰三角形，手持長邊的中央與三角形兩邊尖端部分，輕輕折起後，決定擠花袋尖嘴的位置。

b. 固定尖嘴位置的手不動，另一隻手像是要往上擴開般，將塑膠袋捲成圓錐狀。

c. 以手固定住圓錐狀重疊的部分並調整大小。調整完成後，整理擠花袋確保尖嘴部分挺立通暢，沒有阻塞。

d. 完成之後以膠帶固定。將巧克力裝入擠花袋後，摺起尖嘴部分的一小角，確實壓好後剪掉。適合於擠出少量巧克力（或其他材料）時使用。

酥脆爽口

巧克力
夾心餅乾

biscuits-sandwichs au chocolat et raisins secs

lesson 5.

在酥脆易碎的蘇格蘭奶油酥餅中，夾入帶著微微苦味、不過於甜膩的
焦糖巧克力甘奈許，運用不同口感的嶄新組合，為巧克力甜點施展了
美味魔法，是一道值得挑戰手藝的點心，請一定要試著作看看喔！

巧克力夾心餅乾

（12個份）

酒漬葡萄乾（容易製作的份量）

```
┌ 葡萄乾 ── 100 g
│ 水 ── 50 g
│ 細砂糖 ── 50 g
└ 萊姆酒 ── 15 g
```

巧克力蘇格蘭奶油酥餅（直径4.5cm・24片份）

```
┌ 無鹽奶油 ── 90 g
│ 糖粉 ── 33 g
│ 鹽 ── 1小撮
│ 低筋麵粉 ── 80 g
└ 可可粉 ── 8 g
```

可可脂 ── 適量

焦糖巧克力甘奈許

```
┌ 黑巧克力（可可成分64%）── 20 g
│ 牛奶巧克力（可可成分40%）── 45 g
│ 鮮奶油（乳脂含量40%）*
│   ── 50至55 g
│ 海藻糖** ── 8 g
│ 細砂糖 ── 25 g
│ 無鹽奶油 ── 22 g
│ 鹽 ── 少許
└ 萊姆酒 ── 2 g
```

手粉（高筋麵粉）── 適量

＊若手邊沒有乳脂含量40%的鮮奶油，也可使用38至
　42%。
＊＊若手邊沒有海藻糖，亦可以細砂糖取代加入。但
　　會使甘奈許的味道變得稍微甜一些。

酒漬葡萄乾的作法

調理盆	刷子
粉篩	溫度計
小鍋	電動攪拌機
橡膠刮刀	擠花袋
擀麵棍	星形擠花嘴
圓形餅乾模型	（直徑10mm的8角星形）
（直徑4.5cm）	

◎於二至三日前，事先準備酒漬葡萄乾備用（請
　參照下方作法／此份量約為三次的使用量）。
◎將巧克力蘇格蘭奶油酥餅與焦糖巧克力甘奈
　許所需的奶油置於常溫下，退冰後備用。
◎低筋麵粉與可可粉混合過篩後備用（請參照
　P.47）。
◎將星形擠花嘴（請參照上述）裝在擠花袋
　上。
◎製作小型擠花袋（請參照P.40）。
◎烤盤鋪上烘焙紙。
◎將烤箱預熱至160℃。

海藻糖
是天然的糖質，由澱粉游離製作而
成。帶有清爽的甜味，可以保持點心
濕潤滑順的口感。

可可脂
可可脂是從可可豆經烘焙研磨後製成
的可可膏中萃取而來。是一種易溶於
口的油脂。選擇小顆粒或水滴狀的可
可脂較容易使用。

a.

將葡萄乾洗過後，瀝乾水分並放入耐
熱容器。取10g細砂糖（份量約為葡
萄乾的10%）撒在葡萄乾上，包上保
鮮膜後，放入微波爐（600W）加熱
40秒。

b.

將水和剩餘的細砂糖放入小鍋內煮至
滾燙後加入步驟a。轉中火，以橡膠
刮刀一邊攪拌，一邊煮至水分收乾。

c.

待冷卻後將煮過的葡萄乾移至保存容
器中，並倒入蘭姆酒。以保鮮膜緊密
的貼住葡萄乾後蓋上蓋子，放入冰箱
冷藏2至3天以上。葡萄乾吸飽蘭姆
酒後會變得柔軟。

製作巧克力蘇格蘭奶油酥餅

1. 在調理盆內放入製作巧克力蘇格蘭奶油酥餅奶油，並以橡膠刮刀壓拌至滑順有黏性後，加入糖粉和鹽。避免打入空氣、確實攪拌至糖粉完全混合、無結塊。

2. 加入事先過篩的低筋麵粉與可可粉。並以橡膠刮刀將麵糊由調理盆底部往上切拌，攪拌至粉感完全消失（切勿過度攪拌，攪拌好的麵團會呈現鬆散沙粒狀）。

3. 將麵糊捏成一團後，放在保鮮膜的中央，將形狀整成四方形，以保鮮膜包起，放入冰箱冷藏一晚。

4. 在工作檯面上撒上手粉。撕除步驟3的保鮮膜，以手稍微鬆開麵團後，重新攪拌混合。麵團表面撒上少許手粉，以擀麵棍擀成厚度3mm的四方形。

5. 以直徑4.5cm的圓形餅乾模型壓出餅乾形狀，在烤盤上，取適當間隔後排列整齊。放入烤箱，以160℃烤約15分鐘，直至餅乾表面出現漂亮的烤色。

6. 將可可脂放入小調理盆內隔水加熱。趁著步驟5還溫熱的時候，以刷子在表面薄薄刷上一層可可脂，可防止水氣滲入餅乾。

焦糖巧克力甘奈許的製作方法

7. 在調理盆內放入黑巧克力和牛奶巧克力，隔水加熱至35℃至40℃，使其融化（請參照P.14）。於耐熱容器中放入鮮奶油與海藻糖，攪拌均勻後，不包保鮮膜，直接放入微波爐（600W）微波約30秒，加熱至沸騰前即可。

8. 取一小鍋放入細砂糖以大火熬煮，不攪拌細白糖而是直接以搖動鍋子的方式，加熱至顏色轉為金黃。加入⅓的步驟7鮮奶油，以橡膠刮刀攪拌至顏色變深。

9. 將步驟7剩餘的鮮奶油分2次加入，並以橡膠刮刀混合攪拌至滑順狀。

10. 將步驟9分4至5次倒入步驟7的融化巧克力中，每次倒入都需以橡膠刮刀攪拌均勻後，再倒下一次。如果途中麵糊冷卻，則再次隔水加熱即可。

POINT！

11. 持續加入步驟9攪拌。完全乳化之前的麵糊會呈現粗糙不光滑的樣貌（左圖）。繼續攪拌混合，使油脂和水分完全融合乳化，呈現光澤柔滑的樣貌（右圖）。完全乳化後，可以將步驟9加入的量增多（不用像乳化前少量加入）。

12. 將步驟11的溫度調整至35℃，加入恢復成室溫的柔軟奶油（以橡膠刮刀一壓就能壓扁左右的柔軟度），並攪拌至滑順無結塊。加入鹽、萊姆酒後繼續攪拌。

完成

13. 取步驟12焦糖巧克力甘奈許120g放入調理盆，將調理盆底部放入冰水中，並以電動攪拌機打發起泡（左圖）。待泡沫變緊密後，即可取離冰水，持續打發至顏色泛白（右圖）。

14. 取半量的步驟6的巧克力蘇格蘭奶油酥餅放於烘焙紙上，並將塗有可可脂的那面朝下。將步驟13倒入裝有星形擠花嘴的擠花袋中，沿著餅乾周圍擠一圈。

15. 剩餘未打發的焦糖巧克力甘奈許則倒入另一個小型擠花袋中，填滿步驟14的中央空白處，再放上4顆酒漬葡萄乾。

16. 放上另一半的巧克力蘇格蘭奶油酥餅作成夾心餅乾（塗有可可脂的面朝上），放入冰箱冷藏，使結構穩定後即完成。

POINT！

🖐 粉類過篩的方法

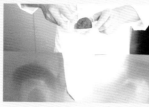

a.

混合各種粉類前，須事先過篩。粉類過篩是為了讓粉類含有空氣、防止粉類結塊並能確實與其他粉類均勻混合。混合可可粉時，可將可可粉與粉類一同放入塑膠袋後封口，手持晃動混合即可。

b.

在桌面上鋪上大張的烘焙紙，將粉類倒入粉篩內。手持粉篩舉至較高處，並在粉篩中央有節奏地輕敲使其落下。

c.

不要使過篩完成的粉類堆積成小山，而是要平均地撒落在紙上。過篩後如果將紙摺起或裝入塑膠袋或調理盆內，很有可能使粉類內的空氣再次消失，須特別注意。若想製作口感蓬鬆的點心，最少要過篩兩次，以確保內部含有大量的空氣。

溫潤適口
熱巧克力
chocolat chaud

lesson **6.**

熱巧克力又被稱為喝的巧克力,是法國常見的飲品。雖然熱
巧克力有各式各樣的口味組合,在此特別推薦的是白巧克力
與抹茶的絕妙搭配。入口溫熱柔和,是可以讓人放鬆安神的
一杯熱飲。將用心調配的濃厚巧克力與牛奶仔細地攪拌混
合,讓人由衷深感幸福的溫醇飲品就此誕生。

熱巧克力

材料

（2杯份）

白巧克力（可可成分35%）
—— 35 g
牛奶巧克力（可可成分40%）
—— 5 g
抹茶 —— 3 g
牛奶 —— 200 g

工具

調理盆
橡膠刮刀
小鍋

抹茶直至使用之前都不能照到光線

抹茶只要一照到光馬上就會退色。因此直至使用前，都要將容器以鋁箔紙等遮光性強的物品遮蔽。保存抹茶時，也必須裝入不透光的容器中。本書不使用烘焙專用的抹茶粉，而是使用茶道專用的正統抹茶粉。目的是為了使這道熱巧克力的風味更加道地。

少量加入白巧克力

為了使抹茶鮮明的色澤漂亮地發色，在此使用了白巧克力製作，並加入少量的牛奶巧克力，以增添可可風味，使味道更有層次感。

作法

1. 將白巧克力與牛奶巧克力放入大小相同的調理盆，隔水加熱至融化，溫度約35℃至40℃（請參照P.14）。

2. 加入抹茶粉後，以橡膠刮刀攪拌至均勻無結塊且滑順。

3. 取另一小鍋倒入牛奶後加熱至沸騰前離火。加入少量的步驟2，並以橡膠刮刀攪拌混合。一開始的時候不要加入太多牛奶，須分次少量地加入才行。

4. 這是剛加入牛奶時，麵糊呈無光澤的粗糙狀態。

POINT！

5. 持續攪拌混合，麵糊經乳化後呈現光澤且柔順的樣貌。變成這種狀態後，每次加入的牛奶量就可以稍微變多一點（不用像乳化前那樣少量加入）。

6. 將剩餘的牛奶分次加入，每加入一次都需攪拌混合均勻。趁著巧克力還溫熱時倒入杯中。加入牛奶後，也可以使用電動攪拌器稍微打發起泡後再倒入杯中增添風味。如果巧克力冷卻，可包上保鮮膜放入微波爐內重新加溫即可。

熱巧克力（濃郁版）

洋甘菊熱巧克力

―――――― *chocolat chaud* ――――――

熱巧克力×2

擁有強烈的可可滋味，
是充滿成熟風味的飲品。
溫和的德國洋甘菊
透著一股涼爽甜美的水果香。

洋甘菊熱巧克力

材料	（2杯份）

牛奶巧克力（可可成分40%）――― 40 g
牛奶 ――― 235 g
德國洋甘菊 ――― 3 g

德國洋甘菊

菊科，又稱為洋甘菊。帶有蘋果般的甜
美氣息，品嚐一口便令人感到神清氣
爽。在此使用的是花草茶專用的乾燥洋
甘菊。

作法

1. 將牛奶巧克力隔水加熱至融化，溫度約
   為35℃至40℃（請參照P.14）。

2. 取另一小鍋放入牛奶加熱直至沸騰前，
   加入洋甘菊攪拌後關火，蓋上鍋蓋悶煮5
   分鐘後，以茶篩篩出洋甘菊。

3. 將分兩次少量第加入步驟1，以橡膠刮
   刀攪拌至完全乳化，整體呈現光滑柔順
   貌（請參照P.51，熱巧克力的製作步驟
   3至5）。將剩下的牛奶分次加入攪拌均
   勻後，倒入杯中即完成。

熱巧克力（濃郁版）

材料	（2杯份）

黑巧克力（可可成分66%）＊
   ――― 80 g
牛奶 ――― 200 g

＊如果將黑巧克力的份量減少至50g，味道會變得比
　較圓融溫潤。

作法

1. 將黑巧克力隔水加熱至融化，溫度35℃
   至40℃（請參照P.14）。

2. 取另一小鍋放入牛奶加熱至沸騰前，即
   關火，少量地加入步驟1並以橡膠刮刀攪
   拌至呈現膏狀。

3. 將牛奶分次少量地加入，攪拌混合至
   完全乳化，呈現光滑柔順貌（請參照
   P.51，熱巧克力的製作方法3至5）。將
   剩餘的牛奶分次加入，繼續攪拌後，倒
   入杯中即完成。

巧克力磚 × 4

不使用牛奶，單純地將融化後的巧克力再次凝固成板狀的巧克力磚，是市面上買不到的濃醇風味。充滿可可獨特魅惑香氣，絕對是巧克力愛好者務必一嚐的絕妙上品。

玄米焙茶巧克力磚

材料

（6.4cm × 17.8cm
深9mm的板狀模型1枚份） ＊

白巧克力（可可成分35%） ── 100 g
焙茶粉末 ── 2 g
香煎玄米 ── 4 g

＊如果沒有板狀模型，也可以直接將巧克力薄薄地倒入小型保存容器或容器蓋上，使其冷卻凝固。

焙茶粉末
將焙茶磨成粉末狀，為烘焙專用的粉末。使用的方法和抹茶相同。

香煎玄米
玄米是以大火炒香的胚芽米粒，加入巧克力內可以享受到酥脆的口感。

準備

◎ 白巧克力調溫（請參照P.18）後，保溫備用。

作法

1. 取一小調理盆放入焙茶粉末，少量加入調溫後的白巧克力，並以橡膠刮刀混合攪拌至無結塊。

2. 將剩下的白巧克力加入後攪拌均勻至無結塊。加入香煎玄米攪拌後，倒入模型後凝固成型後即完成。

其他三種口味的作法與玄米烘焙巧克力磚相同。
黑豆粉巧克力磚：91g的白巧克力（可可成分35%）與9g的黑豆粉攪拌後凝固。
抹茶巧克力磚：97g的白巧克力（可可成分35%）與3g的抹茶攪拌後凝固。
咖啡巧克力磚：93g的黑巧克力（可可成分64%）與7g的即溶咖啡粉攪拌後凝固。

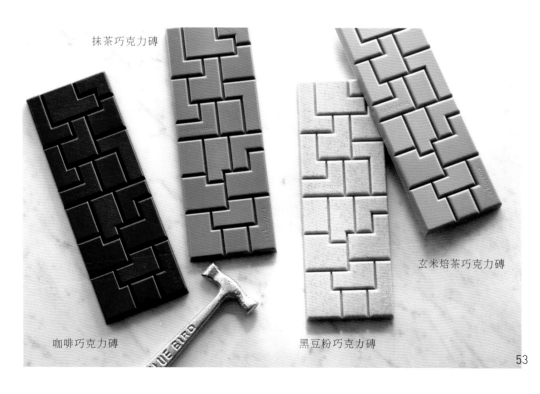

抹茶巧克力磚

玄米焙茶巧克力磚

咖啡巧克力磚

黑豆粉巧克力磚

清涼綿密

巧克力慕斯

mousse au chocolat

lesson 7.

濃郁蓬鬆的慕斯與可可風味達成絕妙的平衡，是一款讓人心
情舒暢的甜點。慕斯的泡沫完美鎖住可可滋味，輕柔的口感
在口中慢慢化開，香味卻久留不散。將鮮奶油緩慢地打發起
泡，呈現綿密細緻的狀態，搭配上覆盆子清爽的酸味，提引
出巧克力的香濃美味，都是巧克力甜點的絕佳配角。典雅華
麗的色澤更是令人難以抗拒。

巧克力慕斯

材料

（直徑5.5cm，深10cm的容器3個份）

ガナッシュ
黑巧克力（可可成分64%）—— 80 g
牛奶 —— 40 g

糖漿
水 —— 12 g
細砂糖 —— 20 g

蛋黃 —— 25 g

鮮奶油（乳脂含量35%）—— 115 g

裝飾用香緹（容易製作的份量）
鮮奶油（乳脂含量40%）* —— 100 g
細砂糖 —— 7 g

覆盆子 —— 18粒

薄荷葉（生）—— 適量

＊如果沒有乳脂含量40%的鮮奶油，也可以38%至
　42%替代。

工具

調理盆
橡膠刮刀
小鍋
打蛋器
溫度計
擠花袋
圓形擠花嘴（直徑10mm）
電動攪拌機

準備

◎覆盆子洗淨後瀝乾備用。
◎將直徑10mm的圓形擠花嘴裝在擠花袋上
　（慕斯、香緹皆使用相同大小的擠花嘴）。

POINT！

生奶油的打發方法（香緹的製作方法）

a.

在調理盆內放入鮮奶油與細砂糖，並
將調理盆底部放入裝有冰水的調理
盆內，一邊冷卻，一邊打發起泡。在
此請特別注意，如果鮮奶油太接近常
溫，奶油內的脂肪球會被破壞，而無
法抓住空氣，使得奶油分離。打發時
請以一手握住打蛋器的根部，另一手
將調理盆稍微傾斜，運用手腕靈活輕
快地攪打至發泡。

b.

除了於製作巧克力慕斯之外，若要塗
在巧克力瑞士卷（P.62）等甜點，請
打發至以打蛋器拿起奶油後會滴落，
並會殘留滴落痕跡的六分發狀態。若
為裝飾用，則需時稍長，打至七分
發。香緹打發後至使用前，都需要隔
冰水冷卻備用。

製作巧克力慕斯的麵糊

1. 將製作甘奈許用的黑巧克力隔水加熱至融化，溫度約為35℃至40℃（請參照P.14）。取小鍋倒入牛奶後，加熱至沸騰前，關火。將牛奶分次少量加入融化的巧克力內，每次加入都需以橡膠刮刀攪拌均勻。

POINT！

2. 加入牛奶後，麵糊會變得粗糙不光滑，持續分次少量加入攪拌，會漸漸出現光澤度，乳化至柔軟有彈力且柔順的狀態。乳化後，加入剩餘的牛奶，持續攪拌完成甘奈許。

3. 取一小鍋放入製作糖漿用的水和細砂糖，開大火煮至細砂糖溶解。

4. 取另一調理盆放入蛋黃並以橡膠刮刀將蛋黃打散，將步驟3的糖漿分次少量加入，並攪拌均勻。

5. 將步驟4的調理盆底放入裝有60℃熱水的調理盆中，隔水加熱，並以電動攪拌機打發至蛋液顏色泛白。

POINT！

6. 取另一調理盆放入鮮奶油，並將調理盆底部置於冰水中打發起泡。需打發至以打蛋器拿起奶油後會滴落的六分發左右。因為巧克力慕斯是藉由巧克力的力量來凝固，打發不完全的奶油可以呈現更絲滑的口感。

7. 將步驟2的甘奈許一邊以橡膠刮刀攪拌，一邊隔水加熱至35℃，並保持溫度備用。

8. 將裝有步驟7甘奈許的調理盆取離熱水，分3至4次加入步驟6的六分發鮮奶油。一邊轉動調理盆，一邊混合攪拌均勻（請輕柔地攪拌，避免破壞奶油內的氣泡）。

9. 再次以電動攪拌機將步驟5確實打發至顏色泛白，且可以攪拌頭的部分將麵糊撈起為止。

10. 將半量的步驟9的加入步驟8裡，並以橡膠刮刀攪拌混合均勻，再加入剩下的步驟9。攪拌混合時，請輕柔動作，避免破壞奶油內的氣泡。

冷藏凝固

11. 將步驟10倒入裝上圓形擠花嘴的擠花袋，均勻地擠在盛裝的容器內，再放入冰箱內冷藏凝固。

完成

12. 將裝飾用的香緹（請參照P.56作法）打至七分發後，倒入裝有圓形擠花嘴的擠花袋裡，適量地擠在步驟11的中央處。並在香緹上方放上6顆覆盆子及薄荷葉裝飾。若使用的容器較小，也可以相同的份量作成5至6個巧克力慕斯。

從可可豆到可可膏

飄洋過海而來的可可豆會先以120℃至150℃左右的溫度慢慢烘焙。因為是帶皮烘焙，可以保留住可可的香味，進一步提升可可的風味。烘焙完成後，經過去除外皮及研磨的作業加工後，所形成的濃稠泥狀物就是巧克力的源頭——可可膏。可可膏內含有54%至55%的脂肪，帶有強烈的苦澀味及酸味，粒子也很粗糙，是很原始的可可風味。各大巧克力供應商會依照各自的需求進行調配，品質的差距不會過大。

從可可膏昇華成巧克力

可可膏是由可可本身和可可的油脂部分（可可脂）結合而成，在可可膏裡面加入砂糖或奶粉等副食材後，再次研磨成更細微的粒子，就會產生遇熱易融的特色。經中低溫（約50℃至70℃左右）的精煉程序，形成巧克力香濃滑順的口感及獨特的風味，有時甚至需要花上數日才可以完成精煉。接著進行讓巧克力結晶安定的溫度調整（調溫），調溫後倒入模型成型，讓成型後的巧克力熟成數週，即可出貨至市場販售。

個性獨特的巧克力

隨著可可豆的種類與產地不同，巧克力也會有衍生出不同的風味。近年來，在可可產地直接加工成可可膏或調溫巧克力（請參照P.6），這種不混合其他品種，僅使用單一品種製作的單品巧克力越來越多。最近也盛行在世界各國的產地或農莊裡尋找新的巧克力風味。巧克力的世界已悄悄地發生變化。我想今後一定可以品嚐更多來自不同產地或獨具特色單品巧克力。

1 可可豆的烘焙溫度比咖啡豆所需的烘焙溫度還低，且需要緩慢烘焙。／2 烘焙後除去外皮並磨碎的可可胚乳（cacao bins）。／3 精煉可可膏的狀態。／4.5 活用產地或品種獨有的特性而產生個性鮮明的單品巧克力，慢慢地嶄露頭角。

〔 從可可豆到巧克力的製作過程 〕

栽培 ▶ 採收 ▶ 發酵 ▶ 乾燥 ▶ 焙煎（roast）▶ 研磨 ▶ 精煉（conche）▶ 調溫（tempering）▶ 成型

圖片提供／パティシエ エス コヤマ

巧克力凍

毋須打發而是以吉利丁來凝固，
濃厚Q彈的口感，是全家人都喜愛的人氣點心。
放上與巧克力絕配的鮮奶油及草莓醬作點綴，風味更是優雅迷人。

材料

（直徑5.7cm，深10cm的容器6個份）

黑巧克力（可可成分66%）—— 100 g
牛奶巧克力（可可成分40%）—— 25 g
牛奶 —— 415 g
水飴 —— 25 g
吉利丁片 —— 4 g

草莓醬
- 草莓 —— 60 g
- 細砂糖 —— 12 g
- 檸檬汁 —— 1 g

裝飾用香緹（容易製作的份量）
- 鮮奶油（乳脂含量40%）* —— 100 g
- 細砂糖 —— 7 g

薄荷葉（生）—— 適量
顆粒狀巧克力（裝飾用）** —— 少許

＊如果沒有乳脂含量40%的鮮奶油，也可以38%至42%
　替代。
＊＊是粒狀穀物外層裹上一層巧克力的產品。

準備

◎將吉利丁浸泡在100g（約是量杯的½）左右
　的冰水，使其軟化膨脹。
◎將水飴裝入耐熱容器裡。
◎將直徑10mm的圓形擠花嘴裝在擠花袋上。

作法

1. 將黑巧克力與牛奶巧克力放入同一調理盆中，隔水加熱至35℃至40℃使其融化（請參照P.14）。

2. 取一小鍋加熱牛奶。在裝有水飴的耐熱容器裡，倒入少許牛奶，以微波爐（600W）加熱20秒後，取出攪拌使水飴溶解，再倒回裝有牛奶的小鍋裡。

3. 牛奶需在沸騰前離火。將已軟化膨脹的吉利丁片以廚房紙巾拭乾後，加入牛奶攪拌使其溶解。

4. 將3分次加入步驟1，並以橡膠刮刀攪拌混合至乳化。請先少量分次慢慢加入並充分攪拌，待麵糊從粗糙狀變成光澤柔順的乳化狀態後，加入的牛奶量就可以增加（不用像乳化前那樣少量加入）。

5. 將步驟4的調理盆底部浸入冰水裡，一邊冷卻，一邊攪拌混合至麵糊出現黏性。平均倒入盛裝容器後，放入冰箱冷藏凝固。

6. 製作草莓醬。先將草莓洗淨並去除蒂頭後，加入細砂糖與檸檬汁，以電動攪拌器打碎成果醬。

7. 將鮮奶油和細砂糖一起打成七分發（請參照P.56作法），裝入裝有圓形擠花嘴的擠花袋內，擠在步驟5的中央後，淋上草莓醬，並放上粒狀巧克力及薄荷，就大功告成了。

絶妙的蓬鬆滋味
巧克力瑞士卷
biscuit roulé au chocolat

lesson **8.**

瑞士卷可說是小山主廚的招牌代名詞！以下製作的瑞士卷，雖然只有薄薄一層蛋糕體，卻濕潤有彈力，捲著巧克力風味的香緹與的甘奈許，是小山主廚的自信力作。輕柔的蛋糕體與濃郁的奶油交織而成的豐富口感，極品瑞士卷的祕密即將展開。

巧克力瑞士卷

材料

（28cm×28cm的烤盤1個份／1卷份）

牛奶甘奈許

牛奶巧克力（可可成分40%）—— 30g
鮮奶油（乳脂含量42%）—— 30g

巧克力蛋糕卷

A 蛋 —— 70g
細砂糖 —— 35g

蛋白糖霜

蛋白 —— 80g
細砂糖 —— 40g
低筋麵粉 —— 36g
可可粉 —— 10g
無鹽奶油 —— 10g
牛奶 —— 10g

巧克力卡士達醬

（容易製作的份量・本食譜僅使用⅓的量）＊

牛奶 —— 120g
香草莢 —— ⅛本
蛋黃 —— 22g
細砂糖 —— 26g
低筋麵粉 —— 5g
玉米澱粉 —— 5g
加鹽奶油 —— 6g
無鹽奶油 —— 4g
黑巧克力（可可成分66%）—— 10g

香緹

鮮奶油（乳脂含量40%）＊＊ —— 140g
細砂糖 —— 11g

＊剩餘的巧克力卡士達醬可塗抹在吐司上，製成巧克力奶油土司。擠在切一半的布里歐麵包上，夾入香蕉或西洋梨等水果，作成輕食三明治也很棒。巧克力卡士達醬不能放隔夜，需盡早使用完畢。

＊＊如果沒有乳脂含量40%的鮮奶油，也可以38%至42%替代。

工具

調理盆	小鍋
粉篩	濾網
打蛋器	擠花袋
電動攪拌機	圓形擠花嘴
木匙	（直徑12mm）
橡膠刮刀	奶油抹刀
刮板	擀麵棍
網架（蛋糕冷卻架）	溫度計

準備

◎製作前一天準備好牛奶甘奈許，放入冰箱冷藏備用。

◎將巧克力瑞士卷用的低筋麵粉與可可粉混合過篩（請參照P.47作法）備用。

◎將巧克力卡士達醬用的低筋麵粉與玉米澱粉混合過篩（請參照P.47作法）備用。

◎巧克力瑞士卷的奶油及牛奶一起放入耐熱容器裡，隔水加熱至60℃後備用。

◎準備兩個裝有直徑12mm圓形擠花嘴的擠花袋。

◎準備兩個烤盤重疊放著，烘焙紙也準備2張重疊鋪在烤盤上（請參照下方）。

◎烤箱預熱至180℃。

烤盤上的鋪紙方法

a.

剪下2張尺寸為烤盤底部加上側面高度大小的烘焙紙，重疊備用。從四個角落往中央斜斜的剪一刀痕（剪入的深度等於烤盤的高度）。

b.

將烘焙紙鋪於烤盤上，對齊四個角輕輕壓下固定於烤盤中。

c.

需重疊烘焙紙四個角落的切痕後再鋪上。如果烤箱的下火太強，會出現蛋糕體表面鼓起但內部未熟的現象。所以烘烤時請注意下火的溫度，烤盤也會鋪上兩層的烘焙紙。

製作牛奶甘奈許

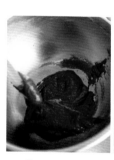

POINT！

1. 牛奶巧克力加熱至35℃至40℃，使其融化（請參照P.14）。鮮奶油加熱至沸騰前離火，分次少量加入牛奶巧克力，並攪拌混合均勻。使用牛奶巧克力時，若一開始過度攪拌，會造成可可脂分離，請小心不要攪拌過度。

2. 加入鮮奶油後，麵糊會呈現粗糙不光滑的樣貌（左圖），隨著分次少量地加入鮮奶油攪拌混合之後，麵糊會漸漸開始乳化，呈現光滑柔順的樣貌（右圖）。將甘納許移入保存容器中，置於冰箱冷藏一晚，使其凝固。

製作巧克力蛋糕卷

3. 在直徑20cm、深10cm左右的調理盆裡放入A的蛋黃（常溫）及細砂糖，並以電動攪拌機打發起泡。請不要隔水加熱打發，直接打發的蛋黃較為堅固硬挺。

4. 一手旋轉調理盆，一手持電動攪拌機在調理盆內來回旋轉以確保均勻打發。打至麵糊顏色泛白，提起攪拌頭麵糊會呈緞帶狀落下，即表示完成。將打發的麵糊移至較大的調理盆內。

5. 取另一調理盆放入蛋白糖霜用的蛋白，以電動攪拌機打發起泡。細砂糖分4至5次加入，打出質地細緻、蓬鬆有彈性的完美蛋白糖霜。最後以打蛋器調整泡沫的紋理（請參照P.37）。

6. 將半量的步驟5加入步驟4裡，並以木匙按壓，將打發後的鬆軟蛋黃與堅硬的蛋白糖霜攪拌混合均勻。蛋白糖霜的質地較為堅硬，以按壓的方式較容易混合均勻。

7. 將混合後過篩的低筋麵粉與可可粉分次少量加入步驟6，並攪拌均勻。

8. 加入剩餘的蛋白糖霜，並以木匙從盆底往上，確實翻攪至看不見蛋白糖霜的痕跡且均勻無結塊為止。

9. 加入已加熱至60℃的奶油及牛奶。先加熱奶油及牛奶再倒入麵糊攪拌，可使奶油與牛奶更容易與麵糊融合。

POINT！

10. 將木匙換成橡膠刮刀，從盆底往上輕柔翻攪混合。翻攪至麵糊出現光澤，即表示充分攪拌均勻。將攪拌好的麵糊倒入比重量杯，測量重量（請參照P.38）。最適宜的重量為35g。

11. 將麵糊倒入準備好的烤盤內，並以刮板整理表面，確保烤盤的四個角落皆有麵糊。放入烤箱，以180℃烤約15分鐘。

12. 出爐後，連同烤盤於鋪有乾淨毛巾的檯面，從約20cm左右高度直落，使蛋糕體受到衝擊，以散出熱氣。如此一來，蛋糕體內就不會藏有水蒸氣，可以保持蓬鬆柔軟的狀態。

13. 將蛋糕體從烤盤中取出置於網架上，剝離烘焙紙的邊緣使蛋糕冷卻。冷卻後以保鮮膜包妥，直至捲奶油前都不要撕除烘焙紙。

製作巧克力卡士達醬

14. 取一小鍋倒入牛奶，以刀子將香草莢縱向劃開後，刮出香草籽，與香草莢一起放入牛奶內，並加入少許巧克力卡士達醬用的細砂糖，開中火加熱。加入細砂糖會使牛奶加熱時，較不易出現薄膜。

15. 取一調理盆放入蛋黃及剩下的細砂糖，以打蛋器攪拌混合。加入過篩的低筋麵粉與玉米澱粉，輕輕攪拌混合至粉感消失。

16. 待步驟14沸騰後，取半量倒入步驟15，趁著餘溫快速地攪拌均勻（需先取出香草莢）。

POINT！

17. 將步驟14剩餘的牛奶以大火加熱至沸騰後，一口氣倒入步驟16，並以打蛋器攪拌均勻。此步驟是為了讓蛋黃與粉類可以同時均勻受熱，以製作出柔順光滑無結塊的卡士達醬。

18. 待鍋內的卡士達醬稍微變得黏稠時轉成中火，並將打蛋器換成橡膠刮刀，以像要將鍋底刮淨般，徹底攪拌均勻，攪拌時請避免卡士達醬燒焦。持續拌煮至卡士達醬開始冒泡，出現光澤度，且質地也變得更加黏稠。

19. 離火後加入兩種奶油,並以橡膠刮刀攪拌混合。離火後再加入奶油,更添奶油風味。加入黑巧克力,利用餘熱使巧克力融化,攪拌均勻後移至調理盆內。

20. 將調理盆底部放入冰水冷卻。從底部開始向上輕柔翻攪,使卡士達醬保有滑嫩有彈力的口感。冷卻後將保鮮膜緊密貼覆卡士達醬表層,放入冰箱中冷卻至使用前再取出。

在蛋糕體塗上奶油

21. 取出⅓量的步驟20巧克力卡士達醬,稍微按壓,使其恢復成滑順狀態後,裝入擠花袋裡。步驟2的牛奶甘奈許也與巧克力卡士達醬相同。撕掉一層步驟13蛋糕體底部的烘焙紙後,放在蛋糕體的表面上。

22. 將蛋糕體連同烘焙紙一起小心地上下翻轉。從較遠處往操作者的方向緩慢小心地拆下蛋糕體上的烘焙紙。

23. 準備一張比蛋糕體的長度還長1.5倍的烘焙紙,將步驟22移至烘焙紙上。將香堤所需的鮮奶油與細砂糖一起打至六分發(請參照P.56)。

24. 將步驟23的香堤以奶油抹刀塗滿蛋糕體表面。塗抹時盡量減少來回塗抹的動作,以保持香堤良好的蓬鬆狀態。在結尾處稍微塗薄,可以作出漂亮的瑞士卷。

捲起

25. 從靠近操作者一端開始往前5cm處，橫擠出一條步驟21的巧克力卡士達醬，從遠離操作者一端開始往後5cm處，橫擠出一條牛奶甘奈許。

26. 稍微提起靠近操作者一端的烘焙紙，並於烘焙紙下方放入擀麵棍。將烘焙紙稍微捲在擀麵棍上方，讓烘焙紙隨著擀麵棍慢慢地往上提起。

27. 將操作者這邊要作成中心的蛋糕體一口氣往內捲入。

28. 將烘焙紙隨著擀麵棍往上提起，慢慢向較遠那側捲去。捲蛋糕時記得手法要緩慢輕柔。捲完時擀麵棍會恰巧被烘焙紙裹住，將擀麵棍往操作者方向拉近，並稍微壓緊瑞士卷。

29. 取出擀麵棍，撫平被捲起的烘焙紙。

30. 以烘焙紙將巧克力瑞士卷團團包起，並將收尾的那面朝下。放入冰箱冷藏使其定型。拆除烘焙紙後，將刀子以熱水溫熱後拭乾水分，再進行切片即完成。

【 測量 】

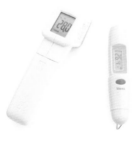

電子磅秤

以1g為單位，選擇最大可以秤至3kg的機種，螢幕是選擇標示清楚的電子螢幕。如果有歸零的功能，更方便使用。秤重時請務必將磅秤置於水平處。

雷射溫度計

製作調溫巧克力或測量麵糊溫度時不可或缺的工具。選擇靠近麵糊表面就能測量溫度的雷射溫度計較為方便。雷射溫度計的價格不一，可選擇價格平易近人的迷你雷射溫度計（圖右）。

比重量杯

用於觀察打發起泡的麵糊或其他攪拌完成的麵糊狀況是否良好的量杯，便於即時了解麵糊的狀況。此為100ml容量、材質為不銹鋼的比重量杯。秤重時，請先扣除量杯的重量（請參照P.38）。

【 攪拌・打發 】

調理盆

因為隔水加熱或加溫時使用。請準備大中小三種尺寸的耐熱不銹鋼製調理盆。其中融化巧克力或製作蛋白糖霜時，常使用的中型尺寸（直徑約20cm），請準備兩個。

打蛋器・
電動攪拌機

打蛋器請選擇長度30cm左右，打蛋器攪拌頭的線條較密，且把容易手握的產品。準備一個打少量麵糊專用的打蛋器，會更方便製作。電動攪拌機請選擇可以切換速度的機型。

木匙

選擇30cm左右的長度，前端一邊為尖角狀，一邊為圓弧狀，容易順著調理盆的側面操作的木匙，較為方便。由於橡膠刮刀在麵糊內加入粉類攪拌時，比較不易滑動，容易造成攪拌不均勻而結塊，因此以木匙取代使用。

正確使用以下各種烘焙工具，讓烘焙手法更精進吧！
選擇產品的重點也一併作介紹。

【 攪拌・打發 】

【 加熱・加溫 】

橡膠刮刀

將液體加入麵糊攪拌、融化巧克力或混合麵糊時，通常使用橡膠刮刀進行。因為攪拌熱奶油時也會使用，請選一體成型的矽膠（耐熱）產品。

刮板

像是作巧克力奶油酥餅時，要將餅乾麵團成團；在烤盤裡倒入瑞士捲的麵糊時，要整平麵糊鋪滿烤盤四個角落，皆使用刮板進行。請選擇10cm至15cm寬的塑膠產品。

小鍋

製作糖漿或焦糖、煮奶油或溫熱材料時使用。選擇直徑15cm左右的產品較容易操作。鍋壁的厚薄度與溫度上升的速度有關，因此選擇鍋壁較厚、溫度可以緩慢上升，較不容易煮焦的小鍋為佳。

【 過篩・磨泥・延展 】

粉篩

比起附有把手的震動篩，比較推薦可以更換網子的產品。網目較細的網子可以過篩低筋麵粉；網目較粗的網子可以過篩杏仁粉，用途十分廣泛。除了過篩粉類之外，也可以於過濾麵糊時使用。

濾網

製作香緹等，過濾這種需要使用到蛋的麵糊時常常使用到。也可以用粉篩來代替，選擇時要選擇不容易生鏽的不銹鋼產品。

擀麵棍

可以吸收油脂的木製擀麵棍，較能防止麵糊的沾黏，且容易展延麵糊。選擇長度45cm的產品，製作瑞士卷、塔皮或作麵包時皆可以使用。

【 模型 】

磅蛋糕模型

製作磅蛋糕時所用的長方形的模型。請選擇稍厚的鋁製品。磅蛋糕模型的尺寸雖然有大有小，但是過於細長的模型，蛋糕的中間較不易烤熟。

圓形模型

又稱為海綿蛋糕模型，比較推薦的是底部不可分離的產品。本書內所使用的尺寸為直徑15cm的模型。一般為鋁製或不鏽鋼製品，使用前請在模型底部及側面鋪上烘焙紙。

餅乾模型

用於壓出餅乾或麵包的形狀，有各式各樣的尺寸。請選擇不容易生鏽的不鏽鋼產品。

板狀模型

將融化後的巧克力倒入凝固的專用模型。因為是塑膠製品，請避免沾上髒汙及刮痕。也可將巧克力薄薄地倒入其他小型的食品保存容器，冷卻凝固。

【 烘焙紙・塑膠紙 】

烘焙紙
純白烘焙紙
OPP塑膠紙

烘焙紙（圖右）可於烘烤時，避免麵糊沾黏。此為經過矽膠塗層加工處理的產品。除了鋪在磅蛋糕模型裡面之外，烤餅乾、冷卻裹上焦糖的堅果時也會用到。純白烘焙紙（圖中）是用於製作傑諾瓦士蛋糕或瑞士卷等沾黏了也無妨的蛋糕時使用的產品。透明的食品級OPP塑膠紙（圖左）請選擇稍具厚度且堅固的產品。除了製作小型擠花袋時使用之外，包裝點心時也很常用到。

【 擠花・塗抹 】

擠花袋・擠花嘴

擠花袋請選擇柔軟堅固、長約30至35cm的尼龍製品較容易使用。擠花嘴是將麵糊擠入模型或容器時的輔助器具。除了直徑10cm至12cm的不鏽鋼製圓形擠花嘴之外，也有裝飾用星形擠花嘴。

奶油抹刀

請選擇長度20cm左右的抹刀較容易使用。除了塗抹奶油等常會使用到的全直種類之外，也有L形的種類。在蛋糕體上塗抹奶油或將麵糊均勻鋪平在烤盤上時，可使用L形的奶油抹刀會比較方便。

刷子

除了可在剛出爐的蛋糕上刷上糖漿、在巧克力蘇格蘭奶油酥餅上刷上可可脂之外，還可用來刷掉多餘的粉類。請選擇刷毛不容易脫落的優良品或矽膠製品。

【 其他 】

烤盤

可當作瑞士卷的模型使用。有各種尺寸。深度3至4cm是最容易操作的尺寸。為了不要讓蛋糕的烤色過深，常會重疊兩個烤盤使用，因此烤盤尺寸選擇上盡量選擇相同尺寸較容易操作。

淺盤

裝入熱水隔水加熱模型、以保鮮膜包巧克力蘇格蘭奶油酥餅，或冷卻鮮奶油時使用。

網架（蛋糕冷卻架）

為了冷卻剛出爐蛋糕，請使用的有網腳的網架。因為有網腳撐高，可是下方的空氣流通，較能快速冷卻蛋糕。

烘焙 良品 72

\ 小山進 親授！ /

家庭廚房OK！

人人愛の巧克力甜點

作　　　　者／小山進
譯　　　　者／林睿琪
發　行　　人／詹慶和
總　編　　輯／蔡麗玲
執　行　編　輯／李佳穎
編　　　　輯／蔡毓玲・劉蕙寧・黃璟安・陳姿伶・李宛真
封　面　設　計／韓欣恬
美　術　編　輯／陳麗娜・周盈汝
內　頁　排　版／韓欣恬
出　版　　者／良品文化館
郵政劃撥帳號／18225950
戶　　　　名／雅書堂文化事業有限公司
地　　　　址／220新北市板橋區板新路206號3樓
電　子　信　箱／elegant.books@msa.hinet.net
電　　　　話／(02)8952-4078
傳　　　　真／(02)8952-4084

2018年2月初版一刷　定價 300元

OUCHI DE GOKUJO CHOCOLATE-GASHI by Susumu Koyama
Copyright © 2016 NHK, Susumu Koyama
All rights reserved.
Original Japanese edition published by NHK Publishing, Inc.

This Traditional Chinese edition is published by arrangement with
NHK Publishing, Inc., Tokyo in care of Tuttle-Mori Agency, Inc., Tokyo
through Keio Cultural Enterprise Co., Ltd., New Taipei City.

經　　　　銷／易可數位行銷股份有限公司
地　　　　址／新北市新店區寶橋路235巷6弄3號5樓
電　　　　話／(02)8911-0825
傳　　　　真／(02)8911-0801

國家圖書館出版品預行編目(CIP)資料

家庭廚房OK！人人愛の巧克力甜點 / 小山進
著；林睿琪譯.
　-- 初版. -- 新北市：良品文化館, 2018.02
　面；　公分. -- (烘焙良品；72)
　ISBN　978-986-95927-0-3(平裝)

1.點心食譜 2.巧克力

427.16　　　　　　　　　　　　107000053

staff

設計／野本奈保子（ノモグラム）
　　　北田進吾（キタダデザイン）
　　　佐藤江理（キタダデザイン）
攝影／宮濱祐美子
造型／駒井京子
編輯協力／伊藤純子

攝影協力／パティシエ　エス　コヤマ
　　　　　http://www.es-koyama.com/

烘焙良品 19
愛上水果酵素手作好料
作者：小林順子
定價：300元
19×26公分·88頁·全彩

烘焙良品 20
自然味の手作甜食
50 道天然食材&愛不釋手
的 Natural Sweets
作者：青山有紀
定價：280元
19×26公分·96頁·全彩

烘焙良品 21
好好吃の格子鬆餅
作者：Yukari Nomura
定價：280元
21×26cm·96頁·彩色

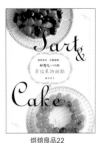

烘焙良品 22
好想吃一口的
幸福果物甜點
作者：福田淳子
定價：350元
19×26cm·112頁·彩色+單色

烘焙良品 23
瘋狂愛上！有幸福味の
百變司康&比司吉
作者：藤田千秋
定價：280元
19×26 cm·96頁·全彩

烘焙良品 25
Always yummy！
來學當令食材作的人氣甜點
作者：磯谷 仁美
定價：280元
19×26 cm·104頁·全彩

烘焙良品 26
一個中空模型就能作！
在家作天然酵母麵包&蛋糕
作者：熊崎 朋子
定價：280元
19×26cm·96頁·彩色

烘焙良品 27
用好油，在家自己作點心：
天天吃無負擔·簡單作又好吃
作者：オズボーン未奈子
定價：320元
19×26cm·96頁·彩色

烘焙良品 28
愛上麵包機：按一按，超好
作的45款土司美味出爐！
使用生種酵母&速發酵母配方都OK！
作者：桑原奈津子
定價：280元
19×26cm·96頁·彩色

烘焙良品 29
Q軟喔！自己輕鬆「養」玄米
酵母 作好吃的30款麵包
養酵母3步驟，新手零失敗！
作者：小西香奈
定價：280元
19×26cm·96頁·彩色

烘焙良品 30
從養水果酵母開始，
一次學會究極版老麵×法式
甜點麵包30款
作者：太田幸子
定價：280元
19×26cm·88頁·彩色

烘焙良品 31
麵包機作的唷！
微油烘焙38款天然酵母麵包
作者：濱田美里
定價：280元
19×26cm·96頁·彩色

烘焙良品 32
在家輕鬆作，
好食味養生甜點&蛋糕
作者：上原まり子
定價：280元
19×26cm·80頁·彩色

烘焙良品 33
和風新食感·
超人氣白色馬卡龍：
40種和菓子內餡的精緻甜點筆記！
作者：向谷地馨
定價：280元
17×24cm·80頁·彩色

烘焙良品 34
48道麵包機食譜特集！
好吃不發胖の低卡麵包PART.3
作者：茨木くみ子
定價：280元
19×26cm·80頁·彩色

烘焙良品 35
最詳細の烘焙筆記書I
從零開始學餅乾&奶油麵包
作者：稲田多佳子
定價：350元
19×26cm·136頁·彩色

烘焙良品 36
彩繪糖霜手工餅乾
內附156種手繪圖例
作者：星野彰子
定價：280元
17×24cm·96頁·彩色

烘焙良品 37
東京人氣名店
VIRONの私房食譜大公開
自家烘焙5星級法國麵包！
作者：牛尾 則明
定價：320元
19×26cm·96頁·彩色

烘焙良品 38
最詳細の烘焙筆記書II
從零開始學起司蛋糕&瑞士卷
作者：稲田多佳子
定價：350元
19×26cm·136頁·彩色

烘焙良品 39
最詳細の烘焙筆記書III
從零開始學戚風蛋糕&巧克力蛋糕
作者：稲田多佳子
定價：350元
19×26cm·136頁·彩色

好評推薦

烘焙良品40
美式甜心So Sweet！
手作可愛の紐約風杯子蛋糕
作者：Kazumi Lisa Iseki
定價：380元
19×26cm·136頁·彩色

烘焙良品41
法式原味＆經典配方：
在家輕鬆作の美味的塔
作者：相原一吉
定價：280元
19×26公分·96頁·彩色

好評推薦

烘焙良品42
法式經典甜點
貴氣金磚蛋糕：費南雪
作者：菅又亮輔
定價：280元
19×26公分·96頁·彩色

烘焙良品43
麵包機OK！初學者也能作
黃金比例の天然酵母麵包
作者：濱田美里
定價：280元
19×26公分·104頁·彩色

好評推薦

烘焙良品44
食尚名廚の超人氣法式土司
全錄！日本30家法國吐司名店
授權：辰巳出版株式会社
定價：320元
19×26 cm·104頁·全彩

好評推薦

烘焙良品45
磅蛋糕聖經
作者：福田淳子
定價：280元
19×26公分·88頁·彩色

烘焙良品46
享瘦甜食！
砂糖OFFの豆渣馬芬蛋糕
作者：粟辻早重
定價：280元
21×20公分·72頁·彩色

烘焙良品47
一人喫剛剛好！零失敗の
42款迷你戚風蛋糕
作者：鈴木理惠子
定價：320元
19×26公分·136頁·彩色

烘焙良品48
省時不失敗的聰明烘焙法
冷凍麵團作點心
作者：西山朗子
定價：280元
19×26公分·96頁·彩色

烘焙良品49
棍子麵包·歐式麵包·山形吐司
揉麵＆漂亮成型烘焙書
作者：山下珠緒·倉八冴子
定價：320元
19×26公分·120頁·彩色

烘焙良品66
清新烘焙·酸甜好滋味の
檸檬甜點45
作者：若山曜子
定價：350元
18.5×24.6 cm·80頁·彩色